CORRESPONDANCE

INÉDITE DE

LINNÉ AVEC CLAUDE RICHARD.

CORRESPONDANCE

INÉDITE DE

LINNÉ AVEC CLAUDE RICHARD

ET ANTOINE RICHARD

(1764-1774)

TRADUITE ET ANNOTÉE

PAR A. LANDRIN

(EXTRAIT DES MÉMOIRES DE LA SOCIÉTÉ DES SCIENCES NATURELLES DE SEINE-ET-OISE.)

VERSAILLES
IMPRIMERIE D'AUGUSTE MONTALANT
6, Avenue de Sceaux.

1863.

Vers. — Imp. d'Aug. Montalant.

CORRESPONDANCE

DE

LINNÉ AVEC CLAUDE RICHARD,

TRADUITE ET ANNOTÉE PAR

A. LANDRIN.

LORSQU'ON lit un ouvrage scientifique, on se pénètre aisément des idées de l'auteur, on reconnaît sans peine l'habileté de ses recherches ou la profondeur de son génie, mais on n'y peut trouver la trace des sentiments du cœur de l'écrivain.

C'est que ces pages, longuement méditées, sont l'œuvre du savant qui cherche à communiquer les connaissances qu'il a su acquérir, mais ne sont point l'image d'un cœur qui se laisse aller à ses pensées; ce sont les écrits d'un docteur et non point les causeries d'un ami.

Dans la correspondance intime, ce n'est plus seulement l'intelligence qui parle, c'est aussi l'âme. Sans doute si celui qui écrit est réellement savant, ses lettres porteront toujours un reflet de son érudition, mais à côté de ces marques de science, on verra percer la bonhomie ou l'orgueil, la tendresse ou la dureté qui constituent le fond du caractère de leur auteur.

Ces réflexions peuvent surtout s'appliquer aux écrits de l'illustre Linné.

Quiconque a lu quelques-uns de ses ouvrages d'histoire naturelle a été frappé de la concision, de la sécheresse même de son style, et l'on s'imagine difficilement qu'un esprit poétique et sympathique puisse s'astreindre à une telle sobriété de langage.

Quand on lit ses lettres, au contraire, on est charmé de la grâce, de l'affabilité, de la naïveté même dont elles sont empreintes, et on est prêt à lui appliquer ce surnom expressif de *bonhomme* que porte si glorieusement notre immortel La Fontaine.

Celles que je vais faire connaître sont remplies de traits charmants de modestie et de bonté. Il est vieux déjà, et pourtant il a conservé cette disposition à se faire de grands chagrins pour de petits malheurs, qui est un des plus touchants apanages de la pureté morale. Lorsqu'on l'entend dire que le chagrin qu'il ressent par la perte de quelques fleurs le suivra jusqu'au tombeau, on sourit peut-être, mais on s'attache davantage encore au vieil enfant. Il a ses petits mouvements de vanité, mais il les laisse voir avec une simplicité qui les lui font aisément pardonner, et sait d'ailleurs les réparer promptement par une phrase où il exprime son affection avec cette finesse qui lui est particulière.

Mais ce qui donne surtout du prix à ces lettres, c'est le haut enseignement qu'on en peut tirer. N'est-ce pas, en effet, une chose admirable et bien digne de servir d'exemple à beaucoup de nos orgueilleux contemporains, de voir la grande valeur que l'illustre botaniste, arrivé à l'apogée de sa gloire, accordait aux observations et aux connaissances d'un simple, mais intelligent jardinier. Combien de nos naturalistes médiocres seraient peut-être devenus de véritables savants, si une sotte vanité ne les avait empêchés d'interroger d'habiles praticiens, et ne leur avait fait ainsi compromettre leur réputation d'observateurs consciencieux en émettant des faits mal constatés.

Avant d'examiner les circonstances dans lesquelles furent écrites ces lettres, remarquons que leur authenticité est irrécusable. Outre les preuves qu'on peut tirer de l'écriture de Linné, bien aisée à reconnaître pour quiconque l'a vue une fois, et du style, on y voit un grand nombre de ces incidents qu'on ne saurait inventer, et qui prouvent bien leur origine. Voici, du reste, comment elles me sont parvenues.

Lors de la mort d'Antoine Richard, en 1807, la Société d'Agriculture de Seine-et-Oise, dont il avait été l'un des fondateurs, chargea un de ses membres, M. l'abbé Caron, de rédiger une Notice nécrologique sur cet habile jardinier en chef de Trianon.

La famille d'Antoine Richard s'empressa de lui communiquer tous les papiers de celui qu'elle pleurait, et, parmi eux, les lettres écrites par Linné à Claude Richard, père d'Antoine, les minutes des deux réponses de ce dernier, une lettre du savant Suédois à Antoine Richard, et une autre de Bernard de Jussieu à Claude. M. l'abbé Caron ayant manifesté tout l'intérêt que lui inspirait de si précieux autographes, les parents de Richard crurent devoir les lui offrir. L'abbé, près de mourir, les confia en 1847 à la Société d'Agriculture de Seine-et-Oise, pour être conservés dans ses archives. C'est cette Société qui a bien voulu me permettre de les traduire et de les faire connaître.

Une seule d'entre les lettres de Linné a été publiée, c'est la troisième : M. Philippar, dans son Catalogue méthodique des végétaux cultivés dans le Jardin des Plantes de Versailles, en donne un *fac-simile* mais il est complétement illisible ; on peut donc la considérer comme inédite. Quelques fragments de la lettre à Antoine furent traduits par M. l'abbé Caron ; enfin la lettre de Jussieu a été insérée dans l'ouvrage de M. Philippar.

Je vais maintenant rappeler aussi rapidement que possible la situation respective de Linné et de Richard.

On sait comment le botaniste suédois fut mis en relation avec les savants français.

Au retour d'une excursion d'histoire naturelle qu'il avait faite en Laponie, il connut et aima une jeune fille intelligente, énergique, bien digne de devenir l'épouse de l'illustre botaniste, et qui n'employa l'ascendant qu'elle prit rapidement sur l'esprit de Linné que pour entretenir et raviver sans cesse son amour de la science. Elle sut deviner son génie, et, ambitieuse pour lui, elle voulut le contraindre à acquérir une gloire que sa modestie l'empêchait de chercher; elle refusa de l'épouser avant qu'il n'eût voyagé trois ans en Europe et ne se fût fait la réputation qu'elle voulait qu'il méritât. Linné obéit; il partit, et ne revint que trois années plus tard, en 1738. Le nom de cette femme doit être conservé dans le cœur de tous les amis de la science, car c'est à elle que nous devons, en grande partie, la révélation du génie de Linné; c'était la fille du docteur Moræus.

Dans les voyages qu'il entreprit par ses conseils, le jeune botaniste parcourut le Danemark, se fit recevoir docteur à Harderwyk (province de Gueldres), le 13 juin 1735, et alla à Leyde, suivre les leçons de l'illustre Boërhaave, dont il devint bientôt l'ami ; Boërhaave le mit en relation avec le riche banquier Cliffort, qui lui ouvrit sa maison, le chargea de diriger ses jardins et resta toujours son protecteur. Là, il écrivit plusieurs ouvrages, et parmi eux son *Systema naturæ* (1735) et son *Fundamenta botanica* (1736). Entre deux séjours chez Cliffort, il alla visiter l'Angleterre, et enfin, en 1738, il quitta définitivement la Hollande pour venir en France et ensuite retourner en Suède.

On raconte que, lorsqu'il fit ses adieux à Boërhaave, celui-ci, alors très vieux et presque mourant (1), lui adressa ces touchantes et prophétiques paroles : « J'ai rempli ma « carrière; que Dieu te conserve, toi qui commences la « tienne. Le monde savant a obtenu de moi tout ce qu'il « en attendait ; mais il attend plus encore de toi. Adieu, « mon Linné; adieu, mon fils!... (2) »

Linné arriva à Paris muni d'une lettre d'Adrien Van-Royen pour Bernard de Jussieu. A peine installé, il court au Jardin des Plantes, et trouve le savant français faisant une démonstration dans l'amphithéâtre. Au moment où il entra, de Jussieu présentait une plante américaine à ses élèves, demandant lequel serait capable de lui dire l'origine de cette fleur, rien qu'à la vue de sa physionomie. Tous se taisaient, lorsque Linné, élevant la voix, s'écria : « *Facies americana.* » — « *Tu es Linnæus,* » répondit le professeur en le regardant fixement. Seuls, en effet, Linné et de Jussieu connaissaient assez les végétaux pour distinguer, au premier aspect, une plante du Nouveau-Monde d'une plante de l'Ancien. A dater de ce jour, Linné et Bernard de Jussieu se lièrent d'une amitié qu'aucun nuage n'altéra jamais.

Ils firent ensemble, à Meudon et à Fontainebleau, de ces herborisations que Bernard excellait à diriger, et auxquelles assistaient Antoine-Laurent de Jussieu, Richard, Lemonnier !

(1) Boërhaave, né à Voorhout en 1668, mourut cette même année 1738.

(2) Cap. Museum d'histoire nat. de Paris, p. 54 ; Paris, 1854. — Curmer, éd.

Linné, pendant son séjour à Paris, fut reçu correspondant de l'Académie des Sciences. Malheureusement, il était contraint de s'exprimer en latin, sachant à peine le français.

Enfin il s'embarqua à Rouen et se dirigea vers Stockholm. Grâce à la protection de Geer et du comte de Tessin, il fut nommé en 1739 premier médecin du roi de Suède. Il se maria, et deux ans après, en 1741, il succéda à Rosen dans la chaire de Botanique à Upsal. Dès lors il est resté fixé à Upsal, partageant son temps entre sa famille et les devoirs du professorat. Nous voyons dans ses lettres qu'il s'occupait ardemment de jardinage, et qu'il cultivait nombre de plantes rares dans les parterres de l'Université et dans son propre jardin. Il entretenait une nombreuse correspondance avec tous les savants de l'Europe et entre autres avec Haller et Bernard de Jussieu. Ce fut probablement ce dernier qui le mit en relation avec Claude Richard, l'intelligent horticulteur que le roi lui avait adjoint pour planter le jardin botanique de Trianon selon la méthode naturelle qu'il avait conçue, et que devait plus tard rédiger et perfectionner son neveu Antoine-Laurent de Jussieu.

Claude Richard (1) était fils d'un noble Irlandais, passé en France avec Jacques II, roi d'Angleterre, lorsque ce prince fut contraint de chercher à la cour de Louis XIV un refuge contre ses sujets révoltés, et qui avait mis à profit quelques connaissances d'horticulture pour se faire nommer par le chancelier d'Aligre jardinier en chef de la Chancellerie.

Un autre émigré anglais, mais fort riche, grand amateur

(1) La plupart des détails sur les Richard sont empruntés à la Notice de l'abbé Caron. — *Mém. de la Soc. d'Agr. de Seine-et-Oise*; 1807.

de fleurs, obtint de Richard père le jeune Claude pour diriger ses jardins.

Claude Richard n'avait reçu aucune éducation, si ce n'est les leçons de son père, pour le jardinage, mais il était doué d'une rare intelligence et d'un esprit très observateur. La propriété confiée à ses soins devint une des merveilles horticoles de l'époque. Après en avoir joui quelques années, le lord anglais, dont l'histoire ne nous a malheureusement pas conservé le nom, désireux probablement de témoigner à Claude Richard l'affection qu'il lui portait, lui fit présent de ce magnifique jardin. C'était une lourde charge que d'entretenir ces cultures, et le jeune Richard n'avait aucune fortune. Cependant il ne voulut pas refuser ces collections qui peut-être auraient été dispersées et perdues ; il accepta et parvint, à force de sacrifices, à maintenir le bon état de son parc. Pour chauffer ses serres ans grands frais, il avait fait de leur foyer le fourneau de sa famille ; son activité et sa vigilance semblèrent redoubler ; alors il se décida à faire commerce de ses plantes. Ce trafic ramena un peu d'aisance dans sa maison et lui permit de continuer ses travaux et même de les étendre.

A cette époque résidait aussi à Saint-Germain le célèbre Lemonnier, premier médecin du roi ; il s'intéressait vivement au courageux jardinier et se fit un devoir de lui apprendre le latin. Les lettres que l'on va lire prouvent que Claude profita de ses leçons.

Ce fut dans ces cultures que Richard employa le premier la méthode d'élevage des plantes dans la terre de bruyère; il perfectionna les serres chaudes, grossières avant lui, améliora la culture forcée des primeurs et créa ces belles variétés de Renoncules, qui firent alors la jalousie et le désespoir des amateurs de Harlem.

Le maréchal de Noailles, à cette époque duc d'Ayen, le

vanta beaucoup au roi. Louis XV vint à Saint-Germain, admira ses jardins comme le faisait tout le monde, et à partir de cette époque, il n'alla jamais chasser dans les environs sans entrer chez Richard lui acheter des fleurs et des fruits. Plus tard, le monarque voulant former à Trianon le jardin botanique classé par Bernard de Jussieu, Richard en fut nommé jardinier en chef; il accepta, mais à la condition qu'il ne recevrait d'ordre que du roi, et cette clause fut religieusement suivie.

Abandonnant Saint-Germain, il vint donc à Versailles vers 1753. Les rapports incessants qu'il eut avec Bernard de Jussieu, lors de la plantation du Petit-Trianon, et pendant les cours faits dans le jardin par l'illustre savant, lui permirent d'approfondir l'étude des végétaux ; il devint un botaniste très distingué, et, sous sa direction, le jardin de Trianon fut bientôt « célèbre dans toute l'Europe (1). »

Richard avait eu à Saint-Germain, le 24 octobre 1735, un fils qui fut nommé Antoine. Voulant donner à son enfant une éducation libérale, Claude le fit entrer au collége de Versailles, puis l'envoya achever ses études scientifiques à Paris, au Jardin-des-Plantes.

A l'âge de vingt-trois ans, Antoine Richard obtint du gouvernement une mission pour aller herboriser au Mont-d'Or, et il montra tant de zèle et d'intelligence dans cette excursion que, deux ans plus tard, en 1760, Louis XV le chargea d'explorer le Midi de la France, les Pyrénées, l'Espagne et le Portugal. Il visita en même temps les îles Baléares d'où il envoya à Trianon un grand nombre de plantes peu connues ; plusieurs de ses échantillons, cultivés par son père, devinrent la source d'espèces aujour-

(1) Jacob, Cicerone de Versailles, in-12 ; Versailles (floréal an XII avril 1804.

d'hui très répandues. Telles sont, entre autres, la *Giroflée maritime* et *le Buis de Mahon*. On admire encore, dans le fleuriste de Trianon, un arbre qu'il a rapporté de son voyage : c'est le Chêne de Gibraltar, ou Faux-liége.

De ces îles, Antoine Richard passa en Afrique, puis en Asie Mineure, et enfin il revint en France en 1764.

Linné applaudissait, d'Upsal, aux succès du jeune Antoine, et il en parle à Richard père dans les termes les plus gracieux.

Ce fut vers 1764 que l'habile jardinier en chef de Trianon entra en correspondance avec Linné. Une lettre dont la copie non datée nous a été conservée, me semble être la première écrite par Richard ; en effet il croit devoir donner son adresse, ce qu'il ne ferait pas si la correspondance était déjà établie, et de plus il signale un envoi de Fraisiers que Linné, dans sa première lettre, dit avoir reçu. Je commencerai donc par rapporter la traduction de cette lettre.

» *Au très célèbre et très noble M. de LINNÉ, chevalier de l'Étoile » Polaire, premier médecin du Roi, professeur de Médecine et » de Botanique à Upsal ; membre associé de l'Académie royale » de Paris ; etc.*

» Grâce à mon ami, j'ai pris soin, avec un grand plai- » sir, de vous envoyer les graines et les pieds vivants du » nouveau fraisier, et en même temps le catalogue qu'il » a dressé.

» Quatre mille plantes environ sont cultivées dans le » jardin royal de Trianon, et le soin m'en est confié ; nous » pourrons donc, entre nous, nous les communiquer mu- » tuellement, comme vous le désirez.

» Peut être plus d'une plante de cette nombreuse col- » lection vous manque-t-elle, ce que je saurais aisément

» si vous daignez m'envoyer votre catalogue, et je m'em-
» presserai de vous satisfaire.

» En attendant, je vous enverrai des graines choisies, » bien que j'ignore si vous les avez déjà ou non ; et parti- » culièrement celles des Baléares, récemment importées » par mon fils et certainement très rares.

» Si tout va à souhait, je ne doute pas que vous ne con- » sentiez à m'envoyer les graines dont vous trouverez la » liste ci-incluse. Soyez assuré de la reconnaissance de » votre tout dévoué.

» Adieu. »

» Si par complaisance vous daignez m'envoyer quelque » chose, voici mon adresse :

Service du Roy.

A M. JANNEL,
Intendant général des Postes de France,
à Paris.
Pour remettre à Monsieur RICHARD, Jardinier-Botaniste du Roy, à Trianon. »

Voyons maintenant la réponse de Linné. Le législateur des botanistes d'alors n'hésite pas à demander à notre compatriote des conseils sur l'horticulture, science dans laquelle Richard était plus versé que lui; il lui offre aussi avec empressement, de lui faire parvenir les fleurs rares dont il avait des échantillons à Upsal, et qui manquaient à Trianon.

Au très remarquable
Monsieur Claude RICHARD,
Directeur du Jardin du Roi.

Mille saluts,
Charles de LINNÉ, Chevalier, Membre associé de l'Académie de Paris.

« J'ai reçu à bon port la lettre et le riche trésor de

» plantes rares que vous m'avez envoyés récemment; pour » toutes ces choses en totalité et pour chacune d'elles » en particulier, je vous témoigne une vive gratitude.

» J'ai entendu beaucoup parler de vos merveilleuses » richesses de plantes vivantes, et je ne souhaite rien plus » que d'être mieux connu de vous. Et moi aussi j'ai au- » jourd'hui un jardin où fleurissent plus de 4000 plantes ; » mais dans ces climats glacés (1), au milieu d'une Flore » agissant en marâtre, les graines des Baléares me sont » certainement la richesse la plus chère de toutes, d'autant » plus qu'il est très difficile et presque impossible de s'en » procurer de pareilles.

» Je vous félicite de votre fils chéri, qui a pu, dans un » laborieux voyage, recueillir tant de trésors et en orner » les jardins de l'Europe; je vous prie de le saluer pour » moi. Je désire vivement voir le délicieux été qui chaque » jour par l'aspect de ces fleurs me rappellera la faveur » que vous m'avez faite.

» Vous m'avez demandé diverses graines des végé- » taux qui croissent ici dans les terres marécageuses ; en » vérité je n'ai pu moi-même réussir à introduire dans le » jardin ces plantes, telles que le *Ledum* (2), le *Cha- » memorus* (3), l'*Andromeda* (4).

» Vous m'avez aussi demandé différentes plantes alpes- » tres qui ne fructifient pas dans mes parterres ou ne sont

(1) Upsal, à 63 kil. N.-O. de Stockholm, est sous le 59° 51',5 de lat. N.

(2) Ledum L. fam. des *Rosages*, J.* — Hab. : marais de l'Europe septentrionale.

(3) Rubus chamœmorus, L. (*Ronce, faux mûrier*), fam. des *Dryadées*. J. — Norwège, baie alimentaire ; antiscorbutique.

(4) Andromeda, L. — Fam. des *Bruyères*. J. — Amérique sept. et Europe sept.

(*) Cette notice étant surtout historique, nous avons emprunté les noms de familles autant que possible à de Jussieu lui-même ; ils sont alors marqués d'un J.

» pas en ma possession, vu que je suis à plus de 200 lieues » des Alpes; par exemple : l'*Azalée* (1), la *Diapentie* (2), » etc. J'ai cherché en vain pendant 20 ans la *Cimicifuga* » *de Tartarie* (3); cette année j'en ai reçu pour la première » fois, vers l'automne ; si elle fleurit et donne des graines, » à coup sûr vous en recevrez ; cette plante, en effet, est » des plus utiles dans l'économie et dans la médecine.

» Si je savais lesquelles de mes plantes vous n'avez pas, » j'accroîtrais peut-être votre jardin d'un grand nombre » d'entre elles ; mais il serait réellement bien difficile de » dresser en peu de temps mon catalogue ou le vôtre.

» Je suis peut-être le seul en Europe qui possède la » *claytomia Siberica* (4), laquelle se sème d'elle-même » chaque année, de telle sorte que je n'ai pu recueillir de » ses graines ; ce qui rend surtout difficile de les ramasser » c'est qu'elles sont projetées par élasticité, lors de la ma- » turité ; si je vis, vous en aurez cet été ; il faut les semer » sur un sol non-imprégné de chaux.

» La *Saxifraga crassifolia* (5) pousse heureusement » chez moi et est certainement la plus belle des plantes, » mais jamais elle ne donne des graines mûres ; je désire- » rais vivement vous en envoyer un pied vivant, mais je

(1) Azalea procumbens, L. (*Azalée des Alpes*), fam. des *Rosages*. J. — Suisse.

(2) Diapensia, L. — Fam. des *Liserons*. — Monts de Laponie (Linné); Alpes.

(3) Cimicifuga, L. (*Cimicaire*), fam. des *Renonculacées*. — Sibérie (Jolyclerc). — Odeur fétide qui chasse, dit-on, les punaises ; d'où le nom de *Cimicifuga*.

(4) Claytomia Siberica, fam. des *Portulacées* ; Sibérie. — Cette plante, d'après de Jussieu, ne produit qu'une seule feuille séminale, à la manière des monocotylédones.

(5) Saxifraga crassifolia, L. (*S. à feuilles épaisses*), fam. des *Saxifragées*; Sibérie. — Cultivée dans les jardins français. — Antiseptique (Pallas); succédanée du thé (Roques).

» ne sais par quel moyen ; à peine serait-ce possible par » le courrier, sa racine étant grosse comme le pouce et » très longue.

» J'ai souvent tenté de transplanter dans mes parterres le » *Cornus suecica* (1) la *Linnœa* (2) et la *Trientale* (3), » qui naissent ici spontanément, mais toujours ils sont » morts dans l'espace de trois mois.

» Le *Rubus articus* (4) existe dans mon jardin où il » mûrit admirablement ses baies ; mais ses graines semées » n'y ont jamais germé ; vous en recevrez des pieds vivants » la première fois que quelqu'un ira à Paris.

» Avez-vous le véritable *Rhabarborus officinarum* ou » *Rheum palmatum* (5), qui est commun chez moi, croît » et se multiplie comme la *Pæonia tenuifolia ?*

» J'ai vu avec étonnement dans le dictionnaire de » Miller (6) combien de plantes rares vous lui avez pro-

(1) Cornus succica, L. Genre voisin des *Epimedium*. L. (Hort. Upsal, p. 29).

(2) Linnœa borealis, fam. des *Caprifoliacées*. J. — *Gronovius* s'est immortalisé en dédiant ce genre à *Linné*. On l'emploie en Suède contre les rhumatismes (Roques).

(3) Trientale, L. fam. des *Lisimachiées* ; — France.

(4) Rubus arcticus, L. (*Ronce du Nord*), fam. des *Dryadées* ;—Suède, Sibérie, Canada. — Baies alimentaires. Linné le décrit dans sa *Flore Laponne* (p. 162) : « Je serais ingrat, dit-il, envers ce végétal si bienfaisant, « dont les fruits, d'un suc aussi agréable que restaurant, ont ranimé tant « de fois mes forces épuisées, si je n'en présentais une description com« plète à mes lecteurs. »

(5) Rheum palmatum, L. (*Rhubarbe palmée*), fam. de *Polygonées* ; Chine, le long du grand mur. — Cultivée, racine stomachique.

(6) *Miller* (Philippe), né en Ecosse en 1691 ; mort à Chelsea (Middlesex) en 1771 ; jardinier en chef du jardin botanique de Chelsea, près de Londres. On a de lui : *Catalogue des plantes officinales de Chelsea*, 1730, in-8° ; — *Dict. des Jardiniers*, *Londres*, 1768, in-fol. ; — *Calendrier des Jardiniers*, etc. C'est sans doute au premier de ces ouvrages qu'il est fait allusion ici.

» curées, particulièrement celles du Pérou ; je ne com-
» prends pas comment vous avez pu en avoir tant.

» Comme personne ne pénètre mieux que vous les » mystères de l'horticulture, permettez-moi de vous de- » mander pourquoi les plantes de la Virginie ne veulent, » chez nous, ni produire des graines, ni les mener à » bien, lorsque d'autres plantes des mêmes latitudes vivent » ici assez aisément ?

» Si vous avez des graines du *Pentapetes phœnicees*, du » *Senecio elegans* (1), de l'*Aster chinensis* (2), je vous » prie de m'en envoyer une inflorescence entière dans » quelqu'une de vos lettres ; une seule nuit de gelée du » mois d'août dernier a détruit toutes les miennes.

» Mon *Thé* (3) se porte bien, mais néanmoins il ne » fleurit pas.

» Si les semences de *Zizanie* (4) peuvent germer auprès » de moi, vous m'aurez rendu par leur don le plus » heureux et le plus reconnaissant des hommes pour le » reste de mes jours. Je ne désire rien plus ; j'ai cherché » de ces graines fraîches pendant toute ma vie, mais en » vain. Certainement les vôtres paraissent récentes ; je ne » comprends pas comment vous les avez obtenues.

» La *Fevillea* (5) et la *Gonania* (6) *(Dannisteria » lupuloides)*, la *Donnigentis* végètent chaque année

(1) Senecio elegans. L., fam. des *Corymbifères*, J. — Ethiopie ; cultivé dans les jardins. — La *Jacobée d'Afrique* en est une variété.

(2) Aster chinensis, L., fam. des *Corymbifères*, J.—Chine; cultivé dans les jardins sous le nom de *Reine Marguerite*.

(3) Thea bokea (*thé bou*), fam. des *Hespérides* (orangers), J. ; Chine; cultivé.

(4) Zizania, L.. fam. des *Graminées*. Il s'agit de la *Z. aquatica*, ou de la *Z. palustris*, toutes deux originaires de la Jamaïque.

(5) Fevillea, fam. des *Cucurbitacées*, J.

(6) Gonania, fam. des *Nerpruns*, J. (*Rhamnées*, Br.); St-Domingue.

» et se montrent pendant tout l'hiver, sans cependant
» fleurir ; je ne sais pourquoi.

» Adieu, vivez longtemps et heureux.

» Upsal, 1764, le 23 décembre.

En marge : « Si quelquefois vous me répondiez, adres-
» sez vos lettres *A la Société royale des Sciences d'Up-*
» *sal.* »

Cette première lettre, la plus longue de beaucoup de toutes celles qu'écrivit Linné à Richard, présente le caractère personnel du style de Linné, caractère qu'on retrouvera dans tout le reste de la correspondance; c'est une grande habileté à faire des compliments sans être banal, et un insatiable désir de s'instruire et d'augmenter ses observations de quelques nouveaux exemples.

En comparant ensemble les deux lettres qui suivent, dont l'une est de Richard et l'autre de Linné, on saisira immédiatement les différences qui caractérisaient ces deux botanistes : Linné, excellent écrivain, aimable, gracieux ; Richard, s'éloignant rarement des questions scientifiques, zélé, heureux et fier de pouvoir donner des renseignements à Linné; le Suédois, concis, écrit avec pureté ; cependant il n'hésite pas à inventer des mots latins lorsqu'aucune expression de cette langue ne peut exprimer sa pensée avec précision, et souvent il fait souvenir de sa réponse à un critique méticuleux : « J'aime mieux être repris trois » fois par Priscien (1) qu'une seule fois par la nature (2). » Richard, plus habitué à manier la bêche que la plume,

(1) Grammairien célèbre, né à Césarée, forma une école latine à Constantinople en 524.

(2) Mallebranche; Notice sur une lettre inédite de Linné, à Correa de Serra ; *Bull. de la Soc. Bot. de France*, t. 8, p. 371 (décembre 1861).

souvent lourd, embarrassé, obscurcit ses phrases en cherchant à éclaircir les idées par une foule d'explications qui ne font que les embrouiller.

La copie de la lettre de Claude a été conservée dans le dossier offert à la Société d'Agriculture par l'abbé Caron; c'est d'après elle que fut faite cette traduction :

« *Au très célèbre et très noble M. Charles de LINNÉ, chevalier de* » *l'Étoile Polaire, premier médecin du Roi, professeur de Mé-* » *decine et de Botanique; de l'Académie royale de Paris, etc.*

» J'ai reçu une lettre que vous m'avez écrite récemment » avec les graines qui y étaient jointes. Je vous remercie » beaucoup d'un si grand cadeau. Quoique les pieds de la » *Tournefortia fœtidissima* (1), de la *Tragia scan-* » *dens* (2), de la *Spigetia anthelmia* (3), de la *Neu-* » *rada* (4), de l'*Hermannia lavandula* (5), *folia,* du » *Geranium cuculatus* (6) vivent ici pour la plupart, » je ne puis cependant vous les envoyer de suite.

» Si je vous ai demandé la graine de beaucoup de » plantes des Alpes, j'étais guidé en cela par la raison » seule ; je pensais que vous les aviez, à cause de la res- » semblance des Alpes avec votre contrée, dont le sol si » froid peut aisément vous fournir ces plantes.

(1) Tournefortia fœtidissima, L., fam. des *Borraginées*, J.; Amérique et Inde. —*Plumier* a consacré à *Tournefort* le genre *Pittonia*, que *Linné* a changé en celui de *Tournefortia.*

(2) Tragium. Clus. (*Hypericum*, *L.*, *Millepertuis.*) — *Hypéricinées*, D. C.; Sicile, Crète.

(3) Spigelia Anthelmia, fam. des *Apocinées*, J.; Cayenne, Brésil. — Les Brésiliens d'abord, puis les Européens, en ont fait une poudre contre les vers.

(4) Neurada, L. (Chamœdrifolia. Tourn.).

(5) Hermannia lavandula (Althœa. Tourn.), fam. des *Malvacées.*

(6) Geranium cuculatus, L., fam. des *Géraniées.*

» La quatrième espèce de *Rheus* vit dans le jardin » royal.

» La *Saxifraga crassifolia* peut m'être envoyée avec » des mousses sèches par le courrier. Les graines de » *Zizanie* que vous avez sont récentes ; si vous les plongez » dans l'eau et si elles sont enfoncées de quatre pouces » dans le liquide, elles germeront plus sûrement, car c'est » ainsi que cette plante se propage ici chaque année.

» Je suis enchanté que le fraisier vous soit arrivé vivant » et que les graines des Baléares vous aient été agréables ; » vous en recevrez encore d'autres choisies pour joindre à » votre catalogue ; mais afin que nous n'ignorions pas nos » richesses, et pour que les vôtres me soient connues, elles » seront annotées dans le livre des espèces que vous pos- » sédez, puis vous me transmettrez ce livre marqué de » points, et ensuite, sur le même livre, que je vous ren- » verrai, vous verrez notés par des points rouges ou tout » autre signe celles qui vivent dans mon jardin.

» Que Dieu trois fois bon vous soit en aide, et croyez- » moi votre tout dévoué.

» 24 mars 1765. »

Linné attendit pour répondre à Richard qu'il pût lui envoyer les échantillons demandés ; mais enfin, au mois de septembre de la même année, il lui écrivit la lettre suivante qui est peut-être la plus charmante des cinq qu'il m'a été permis de lire.

A l'illustre
Monsieur C. RICHARD,
Savant botaniste.

Mille saluts,
Charles de LINNÉ.

« J'ai reçu votre lettre du 24 mars et les semences que

» vous m'avez envoyées, à cause desquelles je sens et vous » témoigne la plus grande reconnaissance.

» J'ai attendu pour y répondre jusqu'à ce que je pusse » vous envoyer en même temps une *Saxifraga crassi-* » *folia*, laquelle fleurit depuis le commencement du prin- » temps jusqu'au milieu de l'été; or je ne pouvais vous » en envoyer aisément avant la complète fructifica- » tion.

» Si je fus heureux et réjoui lorsque, parmi les graines » que vous m'avez expédiées, j'ai remarqué les semences » si désirées de la *Zizanie*; ma tristesse fut ensuite égale » à la joie que j'avais éprouvée, parce qu'aucune ne » germa, bien que semées les unes dans un pot avec de » l'eau, d'autres dans un bassin, et d'autres sur les bords » de la rivière. Par les Dieux, par Flore et Adonis, de nou- » veau je vous supplie de m'envoyer cet automne, dès que » les graines mûriront chez vous, les semences de la même » *Zizanie*, afin que, si je vis encore une année, je puisse » voir une fois pendant ma vie cette magnifique graminée; » je vous jure que jamais je ne verrai cette herbe vé- » géter, sans me souvenir avec plaisir et fierté de votre » nom et de votre amitié. Dites-moi si cette plante recher- » che un fond de sable, d'argile ou d'humus? si elle est » vivace ou annuelle?

» La *Tournefortia fœtidissima*, la *Tragia scandens*, » la *Spigelia anthelmix*, sont des plantes que je n'ai » jamais obtenues d'aucun de mes amis quoique je les aie » demandées à plusieurs d'entre eux; peut-être que vous, » qui êtes un riche botaniste, m'en gratifierez, si elles » produisent des graines chez vous.

» Plusieurs des graines que vous m'avez envoyées en » dernier lieu ont germé; j'en attends l'anthèse avec im- » patience de jour en jour.

» Le *Rheum compactum* (1) m'a été dérobé furtive-
» ment, et je n'en ai pas retrouvé de semences, bien que
» j'en aie sollicité ardemment de M. Miller.

» Le *Rheum palmatum*, qui croît ici admirablement,
» est le véritable *Rhabarborus officinarum.*

» Comme vous êtes le plus habile horticulteur que
» l'Europe vit jamais, je désirerais que vous m'instruisissiez
» de la raison pour laquelle les arbrisseaux chinois qui
» végètent assez facilement dans nos serres d'hiver, ne
» peuvent être amenés à la floraison, et, par suite, ne
» fructifient chez nous que rarement, presque jamais ou
» même jamais; j'en possède plusieurs.

» Mon *Thé* surtout m'inquiète; il se refuse toujours à
» fleurir; je n'ose pas l'exposer en hiver au ciel et à l'air
» libre, puisque c'est mon unique échantillon; il ne se pro-
» duit pas de racines aux rameaux mis en terre.

» Si vous daignez me répondre, je vous prie de n'é-
» crire sur la lettre que ces mots: *A la Société royale*
» *des Sciences d'Upsal*; elle m'arrivera certainement, et
» gratis; pour votre dernière j'ai dû payer un ducat d'or.
» J'ouvre moi-même le premier toutes les lettres adressées
» à la Société.

« Je vous envoie ci-joints des pieds de *Fragaria pra-*
» *tensis* pour M. Du Chesne (2) ; je souhaite qu'ils vivent.

» La *Commetina criptata* (3), que vous m'avez
» adressée, a excité mon admiration par sa belle structure,

(1) Rheum compactum, L., fam. des *Polygonées*, J.—Tartarie, Chine; purgatif.

(2) Père des savants conservateurs de la Bibl. imp. de Paris, *Duchesne*, botaniste et littérateur distingué, a fait un livre sur la *Culture des Fraisiers*. Il fut successivement professeur à l'Ecole centrale de Seine-et-Oise, et censeur au Lycée de Versailles. Il fut aussi un des correspondants de Linné.

(3) Cammelina ou Comelina, L., fam. des *Joncées*, J.

» et fleurit dans un vase sur ma fenêtre ; sa vue vous rap- » pelle sans cesse à ma mémoire.

» Si vous n'avez pas la *Forsœakleam* (?), indiquez-le » moi et je vous en enverrai promptement la graine.

« Ecrite à Upsal ; 1765, le 24 septembre. »

» Si vous avez des semences de *Sanguinaire* (1), je » vous prie de m'en donner quelques-unes. »

La troisième lettre de Linné n'est guère moins affable que la seconde. Dans celle-ci aussi on retrouve le sentiment mélancolique qui faisait toujours croire au savant naturaliste qu'il n'avait plus que peu de temps à vivre. De plus il est malade : l'âge amène un engourdissement contre lequel lutte en vain un cœur qui a conservé toute l'ardeur de la jeunesse. Il se plaint de sa Suède, qu'autrefois il avait tant aimée ; mais alors sa vigueur l'empêchait de sentir le froid perpétuel qui règne dans sa patrie, et maintenant il éprouve le besoin de réchauffer ses membres sous des cieux plus cléments.

Au très habile Monsieur RICHARD,

Mille saluts,
Charles de LINNÉ.

« J'ai reçu récemment une lettre de mon compatriote » M. Hemquist, qui me raconte avec quelle affabilité vous » l'avez accueilli ; comment, se promenant dans votre jar- » din, il vit vos trésors de plantes rares, etc. Je n'aurais » désiré rien plus que de pouvoir m'y trouver avec lui, et » voir ces choses que le sort, ainsi que votre obligeance

(3) Sanguinaria, L., fam. des *Papavéracées*, J.; Canada, Amér. sept.; cultivé en Europe.

» et votre amitié lui permirent d'examiner. Certes, si Jupiter me rajeunissait, je ne formerais point de plus grands vœux que de vous aller trouver, et d'apprendre de vous l'horticulture, cet art dans lequel vous avez surpassé tous les autres mortels.

» Lorsque M. Hemquist reviendra, donnez-lui, je vous prie, quelques herbes sèches pour moi, afin que j'aie quelque chose propre à combattre les ravages de la vieillesse (1), moi qui suis rejeté dans le coin le plus reculé et le plus froid du monde, où l'on ne voit pas de plantes rares, si ce n'est celles que de loin en loin m'envoient mes amis. Je vous ai expedié, par le remplaçant de votre ambassadeur, les *Rubus chamœmorus* et *Arcticus*, adhérant aux racines du *Ledum*; faites-moi savoir si ces plantes vous sont arrivées vivantes. Pour moi, je ne puis pas cultiver dans le jardin le *Chamœmorus* ni la *Linnée*, bien qu'ils vivent partout dans nos forêts.

» Ces fameuses graines que votre excellent fils recueille à Majorque m'ont donné diverses belles plantes ; je vous en prie, envoyez-moi quelques raretés par Hemquist. Je désirerais savoir comment vous cultivez le *Thé*, que j'ai compris qu'on vous avait apporté, comme de nouvelles contrées.

» Trois fois adieu; aimez-moi comme je vous aime.

» Upsal; 1767, 13 septembre. »

Nous avons dit que pendant le voyage que fit le jeune Antoine Richard aux îles Baléares, Linné s'était complu à l'encourager de toutes les manières.

En 1764, Antoine Richard était revenu en France, où

(1) Linné avait alors soixante ans seulement.

Louis XV, satisfait des talents qu'il avait montrés pendant sa mission, s'empressa de lui en confier un grand nombre d'autres moins lointaines.

Il l'envoya tout d'abord en Angleterre et en Écosse, chez les jardiniers les plus célèbres, pour étudier leurs procédés particuliers de culture. Ce fut le premier voyage de ce genre qu'aient fait les Français en Angleterre.

A peine était-il de retour, qu'il partit pour la Hollande, où les cultures de Harlem attiraient alors tous ceux qui voulaient approfondir l'horticulture. Richard rentra en France après avoir parcouru l'Allemagne et la Suisse.

Pendant deux années il resta en repos; ce fut sans doute alors qu'il dressa un catalogue détaillé des plantes qu'il avait observées à Majorque; je ne sais par suite de quelles circonstances ce catalogue, destiné par son auteur à l'impression, ne fut jamais édité.

Passionné pour les voyages, il retourna au Mont-d'Or en 1767.

Son honorabilité et son intelligence étaient si bien connues du roi, qu'en 1770 Louis XV le chargea d'une mission politique secrète, auprès de M. Hector chef d'escadre, débarqué à Brest.

Ce fut vers cette époque que son catalogue étant parvenu à Linné, il reçut du savant d'Upsal la lettre suivante:

« *A son très cher RICHARD jeune,*

Mille saluts,

Charles LINNÉ (1).

» J'ai lu et relu mille fois avec le plus grand charme
» votre *Flore de Majorque ou des îles Baléares* qui m'a

(1) Aucune des lettres qui suivent ne portent la particule « *de* », devant le nom de *Linné*.

» été communiquée par M. Hemquist, et je doute que per-
» sonne puisse la lire avec plus d'utilité et de profit que
» moi. Imprimez-là, je vous prie, aussitôt qu'il sera possi-
» ble, pour que tous les botanistes y trouvent le plaisir
» qu'elle m'a causé.

» J'ai passé la nuit dernière sans dormir : je l'ai con-
» sacrée tout entière à lire votre Flore, et elle était pas-
» sée avant que je n'eusse fini ma lecture. Grand Dieu!
» qu'ils sont heureux les habitants de ce pays d'avoir dans
» leurs prairies toutes ces fleurs qui font l'ornement de
» nos jardins, même nos jardins académiques.

» Je vous dois, à vous (1) et à votre respectable père,
» plus de plantes qu'à personne : l'année dernière, il m'a
» envoyé un grand nombre de graines rares. Un certain
» nombre sont bien venues, la plus grande partie n'a pas
» réussi. Si vous avez un échantillon et un spécimen
» desséché de l'*Hyppocistis* (2) et de la *Dalechamp-*
» *pia* (3), je m'adresse à votre libéralité pour me les pro-
» curer.

» La *Calcéolaire* (4) et la *Zizanie* m'ont causé tant de
» plaisir que ma plume ne peut le redire, et jamais je n'ai
» vu ces plantes sans un sentiment de respect à l'égard de
» votre respectable père.

» J'ai reçu une fois des graines du *Trapœotum pere-*
» *grinum* (5), mais jamais elles n'ont germé.

(1) Antoine Richard était depuis 1764 jardinier-adjoint de Trianon.

(2) Hyppocistis, Tourn., fam. des *Aristoloches*, J., parasite des *Cistes;* Espagne; suc astringent.

(3) Dalechampia, L., fam. des *Euphorbiacées*, J. — Ainsi nommée, en mémoire de Daléchamp, médecin Lyonnais du xvie siècle, érudit botaniste, auteur de l'*Historia generalis plantarum;* Lyon, 1580.

(4) Calcéolaria, L., fam. des *Scrophulariées*; exotique, cultivé dans nos jardins.

(5) Trapœolum peregrinum, L. (*Cardamindum*) ; Pérou.

» J'ai reçu des graines fraîches de la *Loosa* (1) *(Ortiga* » *Fevilla)*. J'en avais demandé à tous les botanistes de » l'Europe, mais personne ne l'a plus.

» Si vous me récrivez un jour, mettez sur l'adresse : *A* » *la Société royale des Sciences d'Upsal:* j'ouvre moi- » même toutes les lettres de la Société.

» Faites mes compliments les plus empressés à votre il- » lustre père, et quand vous vous promènerez dans le jar- » din royal, souvenez-vous de moi.

» Les graines que vous m'avez envoyées vous-même, il y » a quelque temps étaient toutes rares, bien choisies et » fertiles.

« Upsal ; 1770, 16 février. »

Non-seulement Linné félicita chaleureusement le jeune auteur de la *Flore des Baléares,* mais il en fut même si satisfait qu'il la copia entièrement de sa propre main. Ce précieux témoignage de l'importance qu'il accordait au travail d'Antoine Richard existait encore, il y a quelques années, dans la bibliothèque d'Achille Richard, professeur près la Faculté de Médecine de Paris, neveu d'Antoine. Je ne sais ce qu'est devenu ce manuscrit à la mort de cet excellent botaniste.

On sait que Louis XV aimait beaucoup la botanique, dont le goût lui avait été inspiré surtout par le duc de Noailles. Toujours il encouragea ceux qui étudiaient cette science, et chaque fois qu'il en trouvait occasion, il leur témoignait l'intérêt qu'il prenait à leurs recherches.

Ainsi que nous l'avons dit plus haut, ce fut lui qui ordonna la création d'un jardin botanique à Trianon. Dans le savant travail de M. Le Roi sur les jardins de Versailles,

(1) Loosa (*ortiga Fevilla*), L., fam. des *Onagres*. Pérou ; piquants; suc caustique analogue à celui de l'ortie.

ouvrage dont il m'a été permis de consulter le manuscrit, on voit le rôle important que joua cet établissement dans l'histoire de l'horticulture française.

Il sut s'attacher et protégea toujours Adanson, Claude et Antoine Richard, Bernard et Antoine-Laurent de Jussieu. On raconte qu'il allait souvent dans son jardin de Trianon pour apprendre de Richard ou de Jussieu à reconnaître les fleurs, et qu'il étudia avec ses jardiniers l'art de greffer et de tailler les arbres, comme avait fait Louis XIV avec La Quintynie.

Souvent même il voulait faire voir aux étrangers qu'il suivait le mouvement scientifique européen, et alors il envoyait aux savants des autres nations des présents destinés à enrichir leurs collections. Si c'était à des botanistes qu'il s'adressait, lui-même cueillait les fleurs les plus rares de ses parterres et les leur faisait parvenir.

Ce fut ainsi qu'il voulut donner à Linné quelques échantillons végétaux. Je ne sais pour quelle raison l'envoi fut attardé en route et n'arriva à Upsal que bien après l'époque où il eût dû y être reçu. Linné, qui n'était pas prévenu de ce cadeau, est enchanté en voyant arriver le panier de la part du roi de France. Évidemment un présent royal ne peut être composé que de plantes très rares ! Quelle joie pour un ardent botaniste que de voir quelques fleurs complètement inconnues ! Palpitant d'impatience, il soulève le couvercle avec toutes sortes de précautions, dans la crainte d'endommager les fleurs qu'il va sans doute trouver ! Enfin le panier est découvert ; qu'y a-t-il ?... O douleur, quelques feuilles desséchées, quelques tiges flétries témoignent seules qu'il y eut là des plantes ; mais toutes sont mortes de sécheresse !...

Frappé de *stupeur*, comme il le dit lui-même, il reste là quelques instants à se lamenter, et dès le lendemain, encore en fureur contre ceux qui avaient apporté le panier et causé la mort des fleurs par leur lenteur, il écrit à Richard la lettre suivante où le désespoir de la perte de ses plantes et l'orgueil d'être remarqué par le roi, se mêlent d'une façon presque comique pour nous, qui ne pouvons ressentir, comme Linné, la violence de sa déception, et qui sommes loin du temps où l'on ne semblait pouvoir parler des rois qu'avec adulation.

» *Au très habile*
» *M. RICHARD.*

» Mille saluts,
» Charles LINNÉ.

» Hier (16 juillet) j'ai reçu pour la première fois une » petite boîte presque cubique, longue d'une palme, due » à la bienveillance de l'auguste roi de France, dans laquelle étaient enfermés quelques pieds vivants, entourés » de mousse, avec cette inscription : *Plantes donnée* (1) » *par le Roy, du jardin Botanique du Roy à Trianon,* » et produites par tes soins.

» Si je fus très glorieux d'être enrichi, par le plus grand » roi du monde, de plantes rares, de même je fus consterné, lorsqu'ayant ouvert le panier, je les vis toutes » desséchées, et la terre sans eau, de telle sorte qu'il ne » restait plus rien, pas même des feuilles; il n'y avait que » quatre bulbes qui vivaient encore. J'ai vu cependant » dans cette petite boîte deux feuilles d'*Apalanches* (2), » plantes dont les fleurs m'ont toujours été inconnues.

» O fait indigne! qui donc fut assez hardi pour en-

(1) Sic.

(2) Apalanche ou Phylica (*Thé du Cap*), L., — fam. des Nempruns. Connu actuellement sous le nom de *Bruyère du Cap de B.-Espérance;* cultivé dans les jardins (orangerie).

» freindre ainsi les ordres d'un si grand roi, et retenir les
» plantes si longtemps en route? Je vous prie et vous
» supplie, *dites-moi* la date de l'envoi, *dites-moi* à qui
» il fut confié, *dites-moi* quelles étaient les plantes en-
» voyées.

» Je fus pénétré d'un si grand chagrin de la mort de
» ces plantes qu'il me suivra jusqu'au tombeau, certain
» que je suis que le grand roi n'a pu envoyer autre chose
» que des plantes très rares !

» En ce moment fleurissent dans notre jardin particu-
» lier plusieurs plantes peu communes : dans le jardin
» d'Upsal, des fleurs pour glorifier leur donateur, le puis-
» sant roi de France ; et quelques végétaux indigènes pour
» glorifier leur créateur.

» Vivez longtemps heureux pour avancer la botanique,
» et comptez-moi parmi les vôtres.

» Upsal, 1771 ; 19 juillet. »

Le temps avançait et les événements marchaient rapidement. A Louis XV succède Louis XVI, et une nouvelle cour amène de nouveaux besoins. Louis XVI favorisait volontiers les sciences, mais sa faiblesse lui faisait accéder à tous les désirs de ceux qui l'entouraient. Marie-Antoinette obtint que le jardin botanique de Trianon fût transformé en un parc anglais, ce qu'on exécuta en 1774.

Antoine Richard, alors jardinier-adjoint, fut chargé de veiller à la plantation du parc, ce qu'il fit au reste avec le plus grand goût ; et tous nous admirons l'art avec lequel furent groupés ces magnifiques arbres exotiques et indigènes qui font encore l'ornement du Petit-Trianon.

Afin de ne plus revenir sur les Richard, je rappellerai très succinctement le reste de leur vie. En 1784, Richard père prit sa retraite, et son fils devint jardinier en chef; il occupa cette place jusqu'en 1789. Pendant la Révolution, Antoine préserva plusieurs fois le Parc de Versailles de l'aliénation et de la destruction. En 1794, il devint jardinier en chef du potager de l'École centrale de Seine-et-Oise; mais il perdit cette position en 1805 et resta sans ressource aucune, dans un état voisin de l'indigence, jusqu'à sa mort, qui arriva le 28 janvier 1807.

Revenons maintenant à la dernière des lettres de Linné; elle fut écrite à Claude Richard l'année même de la destruction du jardin botanique. Linné, alors âgé de soixante-sept ans, commençait à ressentir sérieusement les approches de la mort; deux coups de sang qu'il éprouva, en mai 1774 et en juin 1776, lui enlevèrent en grande partie la mémoire; en même temps il présenta les premiers symptômes de l'hydropisie qui devait l'enlever à la science.

La lettre suivante est écrite d'une main beaucoup moins ferme que les précédentes, et un coup-d'œil jeté sur le texte montre un certain nombre de mots répétés deux fois, ce qui ne se présente jamais dans les écrits antérieurs.

« *Au très savant M. RICHARD,*
« *Directeur du jardin Royal de Trianon.*

» Mille saluts,
» Charles LINNÉ.

» Mon compatriote Dan. Lindblom, qui se rend dans » votre France, m'a demandé pour vous des graines des » ***Morus*** (1) et du ***Rebus arcticus;*** rien ne me serait » plus agréable que de répondre à votre désir. Mais il y a » encore des obstacles et des difficultés.

(1) Morus, L. *(Mûrier)*, fam. des *Amentacées*, J. — Chine; cultivé. Il s'agit probablement ici du *Mûrier blanc*, sur lequel on élève les vers à soie.

» Je n'ai pas de graines du *Morus;* les nôtres ont toutes » été apportées de votre pays; les jardiniers n'ont pas » d'autres pieds que des pieds femelles dont les graines » sont stériles.

» Je n'ai pas les graines de *Tylba* ou *Rubus*; cette » plante n'a pas été propagée par graines, mais par éclats. » Je vous enverrai volontier autant que vous pourriez » désirer des racines ou des pieds de cette espèce, mais » M. Lindblom part bientôt pour l'Allemagne, il y restera » six mois ou l'année entière et ces petites plantes y péri» raient. Il y a quelques années, je vous ai envoyé à deux » reprises différentes ces racines par vos ambassadeurs à » Stockholm : je ne sais si elles vous sont parvenues, ou » non.

» S'il y a une occasion directe pour la France, vous » aurez les racines; la plante ne peut être cultivée si elle » n'est point placée dans un lieu ombragé à l'abri des » ardeurs du soleil; il faut qu'elle soit dans une terre fer» tile et humide.

» Je ne laisserai passer aucune occasion qui se présen» tera de vous envoyer ces pieds et d'autres que je sais » vous manquer, puisque j'en ai reçu un grand nombre » de vous et de votre honorable fils, et que je sais que » vous êtes le premier horticulteur de l'univers. »

« Upsal, 1774, 23 juin. »

Ici se termine la correspondance entre Linné et Richard; quelques années plus tard, le 10 janvier 1778, le grand Linné rendait le dernier soupir, après avoir supporté courageusement sa douloureuse maladie.

Il est probable que la destruction du jardin botanique de Trianon fut cause de l'interruption des rapports de cet illustre savant avec notre habile compatriote.

Les recherches que j'ai faites dans un grand nombre des ouvrages de Linné et dans quelques-unes de ses biographies ne m'ont pu faire découvrir aucune trace de ses relations avec Richard. J'ai donc la conviction qu'en publiant ces lettres, je lève le voile sur un point inédit de cette existence si bien remplie. Je ne sais si j'ai réussi à intéresser, mais je crois avoir accompli un devoir en apportant mon contingent à l'histoire d'un des législateurs de la science que chérissent tous les amis de l'histoire naturelle.

PIÈCES JUSTIFICATIVES

TEXTE DES LETTRES DE LINNÉ. — LETTRES DE C. RICHARD. — LETTRE DE BERNARD DE JUSSIEU. — SAUF-CONDUIT DU PLÉNIPOTENTIAIRE DE L'EMPEREUR D'AUTRICHE EN HOLLANDE ACCORDÉ A RICHARD. — LETTRE DE L'ABBÉ CARON.

LETTRES DE LINNÉ.

PREMIÈRE LETTRE.

Viro præstantissimo
Domino Claudio RICHARDO,
Præfecto Hortii Regii.

S. pl. d.
Carol. a Linné (1) Equ.
Acad. Paris. Soc.

Quas ad me nuper dedisti literas cum insigni rariorum

(1) Depuis son anoblissement, Linné avait abandonné le nom de Linnæus.

plantarum thesauro rite accepi et pro his omnibus ac singulis devotissimas persolvo.

Audivi dudum multa de stupendis tuis divitiis plantarum vivarum et nihil magis exoptavi quam ut tibi rite innotescerem. Habeo et ego hortum hodie ultra 4,000 plantis florentem, sed in climate gelidissimo sub novercante Flora Balearica semina certe mihi fuere omni thesauro chariora, cum rarius et vix unquam contingat ejusmodi obtinere. Gratulor tibi de dilectissimo filio, qui laborioso itinere potuit tot gazas colligere et iis Europeos hortos ornare, cui plurimum salutes oro. Exopto videre gratissimam æstatem quæ ad harum plantarum adspectum quotidie mihi in memoriam revocabit tuum favorem.

Petiisti a me varia semina in cæspitibus uliginosis apud nos nascentia, quæ quidem ipse in hortum introducere nequeo uti Ledum, Chamemorum, Andromedas.

Petiisti varias plantas alpinas, quæ in hortis semina non maturant, vel quas non habeo, qui ultra 200 millianbus(?) ab Alpibus habito. e. gr. (1) Azaleam, Diapentiam, etc. Cimicifugam per 20 annos e Tartaria quæsivi frustra, hoc anno circa autumnum primum accepi; si floreat et semina perficiat certo certius accipies ; est enim hæc planta et in œconomia et medicina maximi momenti.

Si scirem quas plantas meas non haberes, insigni numero forte tuum augerem hortum ; at vero facile non est vel mis vel tui catalogum brevi sistere.

Claytoniam Sibiricam habeo forte solus in Europa, quæ quot annis se sponte serit, adeoque ejus semina non collegi, præsertim cum matura elastice exsiliant, nec facile colligantur ; si vixero in æstatem habebis; sed in loco calce imprægnato serenda.

(1) (e. gr.) abr. pour *exempli gratia.*

Saxifraga Crassifolia læte apud me prognoscitur et est profecto pulcherrima, sed semina nunquam maturat ; vellem lubenter ad te mittere radicem vivam, modo scirem qua ratione; per tabellarium vix fieri potest, cum radix sit crassitie pollicis et longa.

Cornum Succciam et Linnæam et Trientalem quæ apud nos sponte nascuntur, multoties tentavi vivo cæspite introducere in hortum, sed semper, intra tres menses periere.

Rubum arcticum habeo in horto, ubi egregie maturat baccas, sed semina sata nunquam in horto germinarunt; vivas radices accipias, quamprimum quis adeat Parisios.

An habeas verum Rhabarborum officinarum, quod apud me frequens, nempe Rheum palmatum et crescit ac sese multiplicat uti Pæonia tenuifolia.

Stupefactus vidi e Milleri dictionario quam multas rarissimas plantas a te habuit, imprimis Peruvianas, nec capio unde tu tot obtinere potuisti.

Cum te melius nullus intelligat Horticulturæ arcana, quærere liceat quare Plantæ virginicæ apud nos nolunt producere et perficere semina, cum alias hic satis commode vivant.

Si habeas semina Pentapetes phœnicees, Senecionis elegantis, Asteris chinensis flore pleno quæso in litteris aliquot mittas, cum unico nox gelida in mense augusto proxume præterlapso has apud me destruxit.

Thea mea viget, sed etiamnum non floruit.

Si semina Zizaniæ apud me germinare possunt, eo me reddidisti ad summum erga te cultum quamdiu vixero. Nullum magis esset mihi in votis; quæsivi ejus recentia semina per totam vitam, sed frustra. Videntur certe tua esse recentia ; nec capio unde ea obtinuisti.

Fewillea et Gonana (dannisteria lupuloides) donnigentis (?) quotannis luxuriant et per totum hybernaculum se exerunt, nec tamen florent; nescio qua causa.

Vale et diu vive floreque felix.

Upsalia, 1764, D. 23 December.

EN MARGE DE LA PREMIÈRE FEUILLE :

Si aliquando rescribas inscribatur Epistola *Societati Regiæ Scientiarum Upsatiæ.*

ADRESSE :

A Monsieur
Monsieur Claude RICHARD,
Jardinier Botaniste du Roy
a Trianon.

DEUXIÈME LETTRE.

—

Viro Egregio
Domino C. RICHARDO,
Botanico eximio.

S. pl. d.
Car. a Linné.

Accepi literas tuas d. 24 Martii et semina a te missa, pro quibus gratias quam possum maximas ago habeoque.

Exspectavi ad his respondere usque dum possem una Saxifragam crassifoliam mittere, quæ primo vere usque in mediam æstatem floret, adeoque non commode mitteretur ante absolutam fructificationem.

Quam lætus et gavisus fui dum inter missa a te semina observavi semina desideratissima Zizaniæ, tam tristis dein evasi, quod nulla germinarunt, licet ea serui et in olla cum aqua, et in piscina et ad ripam fluvii. Per Deos, per Floram et Adonidem etiamnum supplex oro mittas hoc autumno quam primum apud te maturescant semina, eadem semina Zizaniæ, ut si etiamnum vixero annum, queam semel in vita intueri gramen pulcherrimum ; sancte testabor me numquam visurum gramen vegetans, nisi cum honorifica et grata recordatione nominis et amicitiæ tuæ. Dic an requirat hoc gramen fundum sabulosum aut argillosum aut humosum ? an perenne vel annuum.

Tournefortia fœtidissima, Tragia scandens, Spigelia anthelmia sunt plantæ quas nondum obtinui ab ullo amicorum, licet eas a plurimis eflagitaverim ; forte tu, qui ditissimus es Botanicus, me eis beares, si semina apud vos producant.

Plurimæ e tuis ultimo missis seminibus germinarunt quarum anthesia in dies avidissime exspecto.

Rheum compactum mihi furtim ablatum est, nec semina recuperavi, licet a D. Millero ea enixe expetii.

Rheum palmatum, quod egregie apud nos crescit, est verum Rhabarborum officinarum.

Cum tu sis summus cultor plantarum, quem Europa unquam vidit, a te edoceri exoptarem, qua ratione frutices chinenses, qui in nostris hybernaculis satis commode crescunt, queant ad florescentiam perduci, cum rarissime apud nos, imo vix ac ne vix floreant ; quales plurimos possideo.

Imprimis Thea me movet, quæ omnino florere recusat ; nec audeo eam sub hyeme liberiori auræ et cælo committere quamdiu mihi unica est ; nec e depactis ramulis radices agit.

Si ad me rescribere digneris, quæso inscribas epistolam tantum hisce verbis : *Societati Regiæ Scientiarum*

Upsaliæ, et eam certissime obtinebo ; et gratis; pro ultima tua debui solvere ducatum aureum. Ipse primus aperio omnes literas prœfatæ societatis.

Mitto inclusas radices *Fragariæ pratensis* pro D° *Du Chesne* ; opto quod vivant.

Commelina crystata quam mittebas, me mirum exhillaravit pulchra sua structura et floruit in cubiculo fenestræ meæ, quam toties inspexi tui memor.

Si non habeas Forsœakleam (?) indices oro, et semina mox mittam.

Dabam Upsaliæ, 1765 d. 24 september.

Si habeas semina Sanguinariæ, quœso aliquot des.

ADRESSE :

A Monsieur
Mons. Claud. RICHARD.
a Trianon.

TROISIÈME LETTRE.

—

Experientissimo D^no^ RICHARDO,

S. pl. d.
Car. a Linné.

Nuper literas habui a populari meo D. Hemquist, qui refert quam affaible eum excepisti ; quomodo obambulans in tuo horto vidit thesauros tuos rariarum plantarum, etc. Optassem nihil magis quam ut simul licuisset adfuisse et vidisse, quæ ipsi concessere fata et tua amicitia ac liberalitas. Profecto si Jupiter mihi referret annos nil magis in votis haberem, quam te adire et a te in horticultura instrui, in qua arte mortales omnes superasti.

Cum redeat D. Hemquist quœso des ipsi aliquot plantas siccas pro me, ut habeam aliquid quo reficiam ingravescentem senectutem, qui in remotissimo gelidissimoque angulo mundi abjectus sum, ubi nullæ plantæ rariores visuntur, nisi quas amici interdum mittunt. Misi per Legati vestri vicarium Rubum Chamemorum et Arcticum inhœrentem radicibus *Ledi*, fac sciam num hæ plantæ ad te vivæ accessere. Ego ipse non possum in horto colere Chamemorum aut Linnœam, licet ubique apud nos in sylvis degant.

Egregia ea semina quæ optimus filius tuus legit in Majorca, mihi varias pulchras dedere plantas ; oro des aliquot rariores cum D. Hemquist. Optarem scire quomodo colas Theam, quam e novellis intellexi vobis allatam fuisse.

Ter vale et me ama prout ego te colam.

Dabam Upsaliæ, 1767 d. september.

QUATRIÈME LETTRE.

Viro experientissimo
Domino RICHARDO.

S. pl. d.
Car. Linné (1).

Heri (die 16 Julii) primum accessit scatula (2) spitha-

(1) A dater de cette lettre, on ne lit plus la particule *a*, devant *Linné*.

(2) De l'italien *scàtulo*, petite boîte.

mea fere cubica, ab Augustissimo Monarcha Gallorum, etc. Gratississime data, cui quædam vivæ radices, musco obductæ, fuere inclusæ, cum inscriptione *Plantes données par le Roy du jardin Botanique du Roy a Trianon,* te obstetricante.

Uti hoc mihi gloria summa, a maximo totius orbis rege fuit plantis rarissimis ditari, ita etiam fui perculsus, cum cistulam aperirem et viderem omnes has exsiccatissimas et aridas, ut ne foliorum restaret, præter bulbos quatuor, qui etiamnum vivebant. Vidi tamen in ea scatula folia duo Apalanches, plantæ scilicet istius cujus flores numquam mihi innotuere.

Proh piaculum! quis ausus fuit tanti Regis mandata ita defraudare, et tamdiu in itinere detinere? Oro rogoque *dicas* mihi quando hæc fuere missa; *dicas* cui tradita fuere ; *dicas* quænam plantæ missæ fuere.

Tanto dolore fui imbutus ob has plantas demortuas ut me in urnam sequatur ; cum certus sim quod summus Rex non potuit misisse alias quam rarissimas plantas.

Nunc florent in Horto nostro plurimæ rariores plantæ, in Horto nostro Upsaliensi in laudem sui Datoris, Potentissimi Gallorum Regis, quemadmodum plantæ indigenæ in laudem sui Creatoris.

Vivas diu felix in augmentum botanices et me tuis annumera.

Upsaliæ, 1771, Julii 19.

ADRESSE :

A Monsieur
Mr RICHARD,
Jardinier de Sa M. le Roy de France,
a Trianon,
par Paris.

CINQUIÈME LETTRE.

Viro Expertissimo D^{no} RICHARDO,
Præfecto Horti Regio Trianon.

S. pl. d.
Car. Linné.

Popularis meus Dan. Lindblom, qui petat Galliam vestram, tuo nomine a me petiit semina Mororum Rubi Rubi (1) arctici. Nihil mihi gratius foret, quam inservire tuo desiderio; sed etiam nunc difficultas et obstacula se sistunt.

Semina *Mororum* non habeo; nostra semina omnia e Gallia vestra delata sunt; nec habent Hortulani Hortulani alias arbores quam feminas, cujus semina subvertanea (2) sunt. Semina *Tylba* s. *Rubi* non habeo, nec umquam seminibus propagata fuit, verum vivis radicibus. Radices s. vivas hujus speciei plantas mitterem lubenter, quot quot optares, sed D. Lindblom jam petat Germaniam et ibi hærebit dimidio vel integro anno, et plantulæ perirent. Has radices misi ante aliquot annos bis per Legatos vestros Stockholmenses, utrum accessere vel non, neque intellexi.

Si detur occasio quæ directe petet Galliam radices habebis, sed coli nequit, nisi hanc plantam locaveris in loco umbroso, ubi sol eam numquam urit. Locus sit humosus et roridus.

Nullam occasionem intermittam, si occurrat, et mittendi has radices et alias quas novi te non habere, cum multa a te et filio tuo dignissimo habui, cumque noverem te esse summum totius orbis Hortulanum.

Dabam Upsaliæ 1774,
d. 23 junii.

(1) Cette répétition et les suivantes se trouvent dans l'autographe.

(2) Du Portugais *subvertanto*, stérile.

Adresse :

Viro Expertissimo,

Domino RICHARD,

Præfecto Horti Regii Trianensi,

Versaliis.

LETTRE DE LINNÉ A ANTOINE RICHARD.

Amicissimo suo RICHARDO juniori.

S. pl. d.
Car. Linné.

Floram tuam Majoricam s. Balearicam, quam mecum communicavit D. Hemquist, legi et relegi multoties cum summo oblectamento; et audeo dubitare num alius ullus eam legat majori cum fructu et utilitate; quæso eam typis mandes, quamprimum fieri queat, ut omnes Botanici satientur iisdem, quos ego deliciis.

Præteritam noctem transegi insomnem, adeoque totam in perlegendo tuam Floram impendi, et prætерlabebatur antequam eam absolveram. Bone Deus, felices isti incolæ habent in suis pratis omnes istas plantas, quæ exornant nostros hortos, etiam academicos.

Tibi et venerando parenti tuo plura debeo quam ulli alio, qui misit præterito anno tot tamque multa rara semina; multa enata sunt; plura non.

Si habeas exemplar s. specimen siccum ***Hypocistidis*** et ***Dalechampiæ***, pro tua generositate oro mecum communices.

Calceolaria et ***Zizania*** tantum mihi attulere gaudium, ut id mea penna explicare non valeat; nunquam has plantas vidi sine veneratione in egregium tuum parentem.

Accepi simul semina *Trapæoli peregrini,* sed nunquam germinarunt.

Doleo quod amplius non existant semina recentia Loosæ (Ortiga Fewilla) quæsivi eam ab omnibus Botanicis in Europa, sed nulli amplius habent.

Si rescribas aliquando titulus epistolæ *Societati Regiæ Scientiarum Upsaliæ.* Ego enim ipse aperio omnes hujus Societatis literas.

Devotissima dicas inclyto parenti tuo et cum in Regio horto exspatiaris mei memor vivas.

Semina quæ quondam ipse ad me misisti erant et rarissima et optima et fertilissima.

Upsaliæ, 1770, d. 16 februar.

LETTRES DE CLAUDE RICHARD.

(D'après les minutes.)

PREMIÈRE LETTRE.

Celeberrimo nobilissimoque D. D. Carolo von Linné. Equ. aur. de stella Polar.—Archiatro Regio Med. et Botanicæ profess. Upsal. Acad. Reg. Paris., etc.

Amici gratia mei, curam suscepi, magna cum voluptate, ut tibi mitterem semina et radicem vivam fragariæ novæ simulque libellum ab eo elaboratum.

Quatuor plantarum circiter millia in horto Regio Trianonensis vegent, quarum cura mihi credita est; ideoque inter nos (ut quidem tibi videtur) mutuo communicando.

Plures forsan a te numerosissima collectione desiderarentur quod facile intelligam, ex catalogo tuo si mittere digneris citoque morem geram.

Inter ea jam tibi mittam electa semina quorum ignoro an habeas nec ne ; imprimis illa quæ Balearica indicantur nuper a filio meo asportata et certe rarissima.

Dum ex voto prospere fiat non dubitabo quin mihi semina quorum catalogus hic includitur, ad me mittere digneris, officiis responderunt gratiarum actiones tui observentissimi.

Vale.

Si ex beneficiis tuis, aliquod ad me mittere digneris, inscriptio mea modo sequitur :

Service du Roy.

A Monsieur JANNEL, Intendant général des Postes de France,
à Paris.
Pour remettre à Monsieur RICHARD,
Jardinier-Botaniste
du Roy, à Trianon.

DEUXIÈME LETTRE.

—

Celeberrimo nobilissimoque D. D. Carolo von Linné. Equ. aur. de stella Pol.—Archiatro Regio Med. et Botanicæ proff. Acad. Reg. Paris, etc.

Quas nuper ad me scripsisti litteras una cum inclusis seminibus accepi pro tanto beneficio devotissimos persolvo grates; quamvis radices, Tournefortiæ fætidissimæ, Tragiæ scandentis, Spigetiæ authelmiæ, Neuradæ, Hermanniæ lavandulæ, foliæ, Geranii cuculati, hic plerique vigeant, tamen statim ad te mittere non possum.

Si multas inter alpinas plantas semina desiderabam, expostulavi ea tantum ratione ductus, feci ob similitudinem vestri soli quod frigidissimum has plantas facile tibi subministrare potest.

Quarta species Rhei in horto Regio viget.

Saxifragam vero crassifoliam cum musco sicco per tabellarium ad me mittere poteris. Semina Zizaniæ quæ habes sunt recentia, si in aquam tentam (?) ea demergas et sint quatuor polluces aquæ, certius germinavit, nam hic sic quotannis se propagat.

Gaudeo valde quod Fragaria viva ad te pervenerit, et tibi grata Balearica semina fuerint; ideo alia jamjam adjuncta ad tuum catalogum selecta accipias; ut autem gazas nostras noscas, et ut vestræ nobis notæ sint annotandæ sunt in libro suo specierum quæ possides et deinde transmittere hunc librum signatum punctis, et postea in eodem quem remittam quæ vigent in horto punctis rubris vel alio signo videbis hoc libro ad tu manus reduci.

Servet te Deus ter optimus et me tibi devotissimum credas.

24 mars 1765.

LETTRE DE BERNARD DE JUSSIEU A ANTOINE RICHARD.

—

Monsieur,

» Sa Majesté vous ayant chargé, comme vous me le

» marqués, de faire venir un des messieurs de l'Acadé-
» mie pour dessiner et peindre la plante qui est en fleur à
» Trianon, je crois que, pour exécuter les ordres que vous
» avez reçus, il conviendrait que vous vous adressiés à
» M. de Marigny (1); il connaît mieux que moy les per-
« sonnes à talents qui composent cette académie, et il n'y
» a pas lieu de douter que le choix qu'il fera ne soit très
» bon et ne réponde parfaitement aux vues de Sa Ma-
» jesté.

» Si Mlle Basseporte (2) avait été agréée elle se serait ren-
« due aussitôt qu'elle aurait été avertie; son âge n'a pas mis
» jusques icy aucun obstacle à ses travaux : elle vient de
» représenter en couleurs naturelles, la Sabotière ou Cal-
» ceolaria à feuilles de Scabieuse, que le Père Feuillie a
» observée dans le Pérou, et que nous avons élevée, de
» graines envoyées par mon frère. Je ne sais sur quel fon-
» dement on a pu dire qu'elle se faisait aider par ses élè-
» ves; il n'en est pas à ma connaissance qui puisse la se-
» conder, encor moins la remplacer. Elle vous est très
» sensiblement obligée de la bonté que vous avés eue de la
» proposer à Sa Majesté, et d'assurer ce que vous con-
» naissiés et aviés vu touchant la continuité du tra-
» vail de ses mains sans aucun secour de celles de ses
» élèves.

» M. Linnœus écrit qu'il a l'arbre du Thé, dont la graine

(1) A.-F. Poisson de Marigny, né à Paris en 1727, mort en 1781, frère cadet de Madame de Pompadour, fut nommé en 1751 Directeur-Général des Bâtiments royaux. Chargé de diriger les Beaux-Arts, il remplit ses fonctions avec beaucoup d'habilité, de zèle et de justice. Il était un des principaux membres de l'Académie des Beaux-Arts.

(2) Mlle F. Basseporte, née en 1700 ; morte en 1780. Elle fut nommée dessinateur du Jardin des Plantes en 1732. Le Museum possède une magnifique collection de Fleurs, peintes sur vélin, dues à son pinceau.

» tient encore à la racine. Il espère le multiplier et nous » le faire parvenir. Selon ce qu'il marque, cet arbre » pourra supporter nos climats, et résister en pleine terre » comme fait le Lilas. Il assure que c'est des environs de » Pék(in)(?) qu'on luy a apporté cet arbre, et que les » g(randes)(?) chaleurs lui sont contraires. Je verray avec » plaisir la liste des acquisitions faites par monsieur votre » fils en Angleterre. Assurés-le de mes compliments et » soyés bien convaincu de l'attachement avec lequel je » suis, Monsieur,

Votre très humble
et très obéissant serviteur,

à Paris, le 20 décembre 1763.

B. DE JUSSIEU.

ADRESSE :

A Monsieur
Monsieur RICHARD,
Jardinier du Roy.
à Trianon.

SAUF-CONDUIT DU MINISTRE PLÉNIPOTENTIAIRE D'AUTRICHE A ANTOINE RICHARD.

—

« Nous Thadé Baron de Reischach, Seigneur d'Immendingen, de Hohenkrayen et Duethlingen, Conseiller Intime d'Etat actuel de LL. MM. Impériales et Royales, Conseiller d'Etat aux Païs-Bas, Envoyé Extraordinaire et Ministre Plénipotentiaire des dites Leurs Majestés auprès de LL. HH.

PP. les Seigneurs Etats-Généraux des Provinces Unies des Païs-Bas, etc., etc.

» Requérons tous ceux à qui il appartient, et en particulier les sieurs Commis et Employés aux Douanes de Sa Majesté Impériale, Royale et Apostolique, de laisser librement et sûrement passer par les Païs-Bas le sieur Richard, Jardinier-Botaniste de Sa Majesté Très Chrétienne, avec trois caisses, dont deux remplies de Plantes botaniques et l'autre de Livres botaniques, le tout pour le service de Sa dite Majesté Très Chrétienne, sans déballer ou visiter lesdites caisses, et sans en exiger aucun droit, et enfin sans aucune vexation quelconque, mais au contraire de lui donner toute aide et assistance dont il pourrait avoir besoin. — En foi de quoi nous avons signé ces présentes de notre main, et y avons fait apposer le cachet de nos armes. — Fait à La Haye ce 5 may 1769.

» Le Baron de REISCHACH. »

(Au coin inférieur gauche de cet acte sont apposées les armes de ce Ministre.)

LETTRE DE L'ABBÉ CARON
A LA SOCIÉTÉ D'AGRICULTURE DE SEINE-ET-OISE.

Nous croyons devoir joindre à ces pièces quelques fragments de la longue lettre adressée par leur donateur, l'abbé Caron, à la Société d'Agriculture, en lui offrant ce cadeau.

« Arrivé au terme de ma carrière j'ai craint, qu'après » moi, ces lettres, qui sont depuis longtemps en ma pos- » session, ne tombassent entre des mains profanes, qui ne

» sussent pas en sentir le prix, et ne les crussent tout au » plus bonnes qu'à être reléguées dans l'officine d'un » épicier. J'ai pensé, Messieurs, que ces précieuses reliques » de la science ne pouvaient être bien appréciées que par » vous, et ne trouveraient que dans vos archives un sanc- » tuaire digne d'elles et de leur auteur. C'est ce motif qui » m'a suggéré la pensée de vous en commettre le dépôt, » ou plutôt de vous en transmettre la propriété.

« Ces lettres sont au nombre de six, toutes écrites en » latin, avec la pureté et quelquefois l'élégance qui carac- » térisent les œuvres du savant Suédois, à qui cette langue » était très familière. Elles sont libellées et signées de sa » main ; et ce qui prouve incontestablement leur authen- » ticité, c'est l'identité parfaite de l'écriture avec celle qui » est généralement reconnue comme sienne dans le monde » savant (1).

» Le naturaliste versaillais à qui ces lettres sont adres- » sées, est Claude Richard, que son intelligence, son » esprit d'observation, ses ingénieuses applications en hor- » ticulture, firent nommer, sous Louis XV, directeur du » jardin botanique établi au Petit-Trianon, où Bernard » de Jussieu réalisa ses grandes idées sur les rapports » naturels des végétaux.

« Ayant été enlevé à sa famille et à ses amis le 28 jan- » vier 1807, je fus chargé par la Société, en qualité de son » Secrétaire perpétuel, de faire son éloge funèbre dans » la séance publique de la même année. Pour remplir » cette mission avec toutes les convenances que récla- » maient le devoir de mes fonctions et la tendre affection » qui m'attachait à cet homme de bien et de savoir, je

(1) Voir le *fac-simile* d'une des lettres de Linné qui se trouve dans cette notice.

» m'adressai naturellement à la famille, afin d'obtenir tous » les documents dont je pouvais avoir besoin. Parmi les » nombreux manuscrits qui furent mis à ma disposition, se » trouvaient les six lettres de Linné. Mon travail terminé, » la famille me pressa avec instance d'agréer ces lettres » que j'avais lues avec une sorte d'émotion religieuse, en » ajoutant que c'était en signe d'amitié et de reconnais- » sance qu'elle me les offrait, et, sans nul doute aussi, par » le même motif qui me détermine aujourd'hui à les dé- » poser entre vos mains.

. . . .

Après avoir tracé rapidement l'histoire des deux Richard, il énumère les pièces contenues dans le dossier, et qu'on a toutes trouvées ci-dessus, puis il ajoute :

» . . . . . Je serais flatté, Messieurs, que vous me per- » missiez de joindre à ces lettres, dans le même carton, » la notice que vous venez d'entendre, ne fût-ce que pour » indiquer à ceux qui nous succéderont, l'origine de ces » pièces et leur transmission successive jusqu'à la Société. » Je ne le serais pas moins, si vous vouliez bien regarder » le présent acte de transmission comme un nouveau té- » moignage de mon dévouement pour la Société, et de » ma considération distinguée et affectueuse pour tous les » membres qui la composent et dont je me glorifie d'être » le collègue. Ce serait une des plus douces jouissances » que pût goûter dans ses vieux jours celui que le temps » a fait votre doyen.

» A Versailles, ce.....

» CARON. »

En faisant cette citation, nous avons voulu rendre hommage au bon et savant abbé qui fut un des professeurs les plus distingués de l'École centrale de Seine-et-Oise et plus tard du Lycée. Le 2 janvier 1849, il s'éteignit à Versailles, âgé de quatre-vingt-neuf ans, laissant un souvenir tel qu'on ne sait ce qui doit être le plus admiré, de sa grande bienfaisance ou de sa profonde érudition.

En terminant, nous donnerons la liste, malheureusement bien courte, des publications faites sur la correspondance de Linné. Elles se réduisent à *quatre :*

1° Lettres de Linné à Bernard de Jussieu, et réponses de celui-ci. — (*Mém. de l'Acad. des Sciences naturelles de Philadelphie ;* année 1855.)

Tous mes efforts pour me procurer cet intéressant recueil furent vains ; je ne puis donc en citer que le titre, emprunté aux *Mém. de l'Acad. des Sciences, Arts et Belles-Lettres de Rouen ;* 1857.

2° Lettre de Linné à Correa de Serra. — (*Bull. de la Soc. Botanique de France*, t. VIII, p. 371 ; déc. 1861.) Cette lettre est accompagnée d'une excellente notice sur Linné et sur son correspondant, par *M. Mallebranche.*

3° *Collectio Epistolarum quas ad viros illustres et clarissimos scripsit Carolus a Linné,* par Stæver ; Hambourg, 1792.

Dans ce recueil se trouve, entr'autres, la nombreuse correspondance (26 lettres) de Linné avec Haller.

4° *A Selection of the correspondance of Linnæus and other naturalists,* par J.-E. Smith. — Londres, 1821 ; 2 vol. in-8°

Vers. — Imp. d'Aug. Montalant.

www.ingramcontent.com/pod-product-compliance
Ingram Content Group UK Ltd.
Pitfield, Milton Keynes, MK11 3LW, UK
UKHW021945260726
13994UKWH00004B/1556

9 782329 133829